小实验串起科学史（全20册）

从密度到热气球升空

路虹剑 / 编著

化学工业出版社
·北京·

图书在版编目（CIP）数据

小实验串起科学史. 从密度到热气球升空 / 路虹剑编著. —北京：化学工业出版社，2023.10
ISBN 978-7-122-43908-6

Ⅰ. ①小… Ⅱ. ①路… Ⅲ. ①科学实验 - 青少年读物 Ⅳ. ①N33-49

中国国家版本馆 CIP 数据核字（2023）第 137327 号

责任编辑：龚　娟　肖　冉　　　装帧设计：王　婧
责任校对：宋　夏　　　插　　画：关　健

出版发行：化学工业出版社（北京市东城区青年湖南街 13 号 邮政编码 100011）
印　　装：盛大（天津）印刷有限公司
710mm × 1000mm　1/16　印张 40　字数 400 千字
2024 年 4 月北京第 1 版第 1 次印刷

购书咨询：010-64518888
售后服务：010-64518899
网　　址：http://www.cip.com.cn
凡购买本书，如有缺损质量问题，本社销售中心负责调换。

定价：360.00 元（全 20 册）　

作者序

在小小的实验里挖呀挖呀挖，挖出了一部科学史！

一个个小小的科学实验，好比一颗颗科学的火种，实验里奇妙、有趣的科学现象，能在瞬间激起孩子的好奇心和探索欲。但这些小实验并不是这套书的目的和重点，它们只是书中一连串探索的开始。

先动手做一个在家里就能完成的科学实验，激发孩子的好奇，自然而然地，孩子会问“为什么”，这时候告诉他这个实验的科学原理，是不是比直接灌输科学知识更能让孩子接受呢？

科学原理揭秘了，孩子的思绪就打开了，会继续追问：这是哪位聪明的科学家发现的？他是怎么发现的呢？利用这个科学发现，又有哪些科学发明呢？这些科学发明又有哪些应用呢？这一连串顺

理成章、自然而然的追问，是不是追问出一部小小的科学史？

你看《从惯性原理到人造卫星》这一册，先从一个有趣的硬币实验（实验还配有视频）开始，通过实验，能对经典物理学中的惯性有个直观的了解；紧接着通过生活中的一些常见现象来加深对惯性的理解，在大脑中建立起看得见摸得着的物理学概念。

接下来，更进一步，会走进科学历史的长河，看看是哪位伟大的科学家首先发现了惯性原理；惯性原理又是如何体现在宇宙中星体的运动里的；是谁第一个设计出来人造卫星，这和惯性有着怎样的关系；我国的第一颗人造卫星是什么时候发射升空的……

这套书共有 20 个分册，每一个分册都有一个核心主题，从古代人类文明，到今天的现代科技，内容跨越了几千年的历史，能读到伽利略、牛顿、法拉第、达尔文等超过 50 位伟大科学家的传奇经历，还能了解到火箭、卫星、无线电、抗生素等数十种改变人类进程的伟大发明的故事。

这套书涉及多个学科，可以引导孩子在无数的“问号”中深度思考，培养出科学精神、科学思维、科学素养。

目录

05

如果你乘坐过热气球，一定会感叹它的神奇。随着它缓缓升上天空，你的视野会变得越来越开阔，既可以在吊篮里眺望远方，还可以俯瞰陆地上各种风景。

那么，为什么我们平时吹起来的气球飞不起来，而热气球却能载着人一起飞向天空呢？热气球工作的具体原理是什么呢？让我们先通过下面的小实验来探寻一二。

为什么热气球可以飞上天？

小实验：白烟瀑布

物体燃烧冒出的烟雾一定是往上升的吗？下面这个实验可能会让你感到意外。

吸管、胶带、叉子、剪刀、纸、打火机和烧杯。

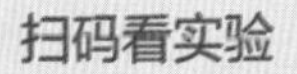

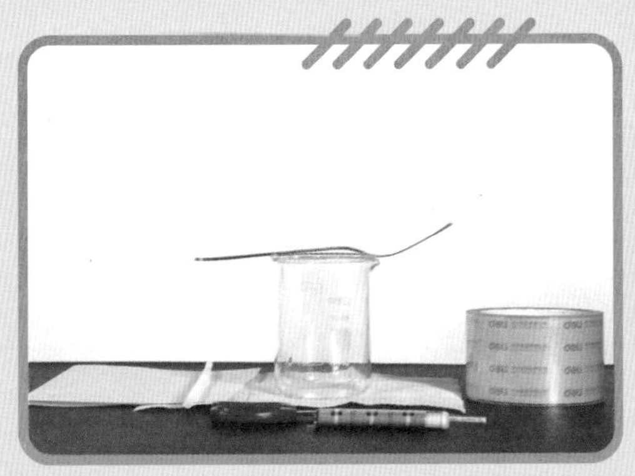

实验步骤

1

用纸将吸管卷起来，剪掉多余的纸。抽掉吸管，用胶带将纸卷固定，制作成纸管。

用叉子固定纸管，使其向下倾斜。

叉子横放在烧杯口。

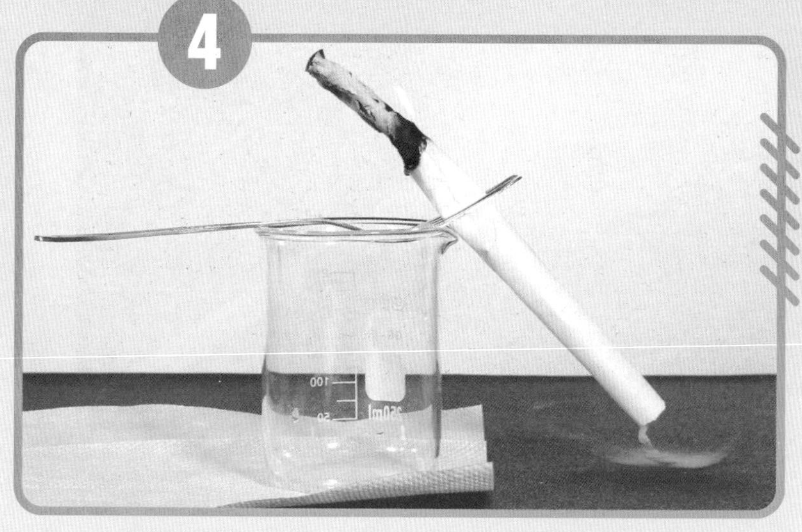

为什么会有这样的结果出现呢?

点燃纸管上端，可以看到在吸管的另一端，白烟像瀑布一样流出。

实验背后的科学原理

你知道吗，烟其实是固体小颗粒聚在一起，它的密度比空气大，本来应该下沉的。但在生活中，一般情况下，我们会看到烟缓缓上升，这是因为燃烧产生的热空气密度小，向上流动，带动烟的小颗粒也跟着上升。在这个实验中，烟没能往上走，是因为小小的纸管中空，燃烧不完全产生的烟雾受冷，密度大于空气，不能形成上升气流，就顺着纸管向下流动了。

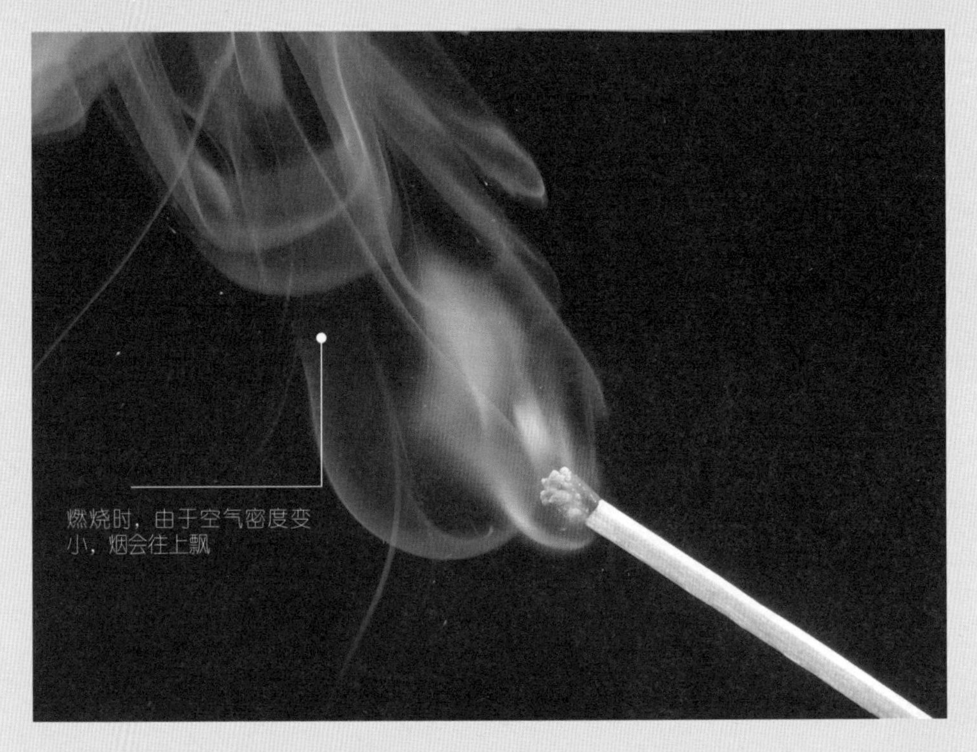

在实验中，我们了解到了一个基本的物理概念——密度。那么密度是如何被发现的，它又是如何计算的？接下来，让我们回顾一下历史。

阿基米德和密度公式

在上面的小实验中，我们了解到了密度的概念，这是物理学中一个非常重要的概念。密度是用以反映物质特性的物理量。我们会说棉花很“轻”，而石头很“重”，这里的“轻”和“重”实质上描述的就是密度的大小。

那么在人类历史上，是谁最早发现了密度呢？

阿基米德不仅发现了浮力，而且还发现了密度

在讲到浮力定律时，我们提到了阿基米德，他是古希腊时期著名的学者，他提出的理论和概念很多至今仍在使用。

还记得阿基米德帮助国王发现王冠被掺假的故事吗？相传阿基米德在泡澡的时候发现了浮力，与此同时，他还提出了物理学中非常重要的一个概念：密度。

阿基米德把王冠和相同重量的黄金放进水中，结果发现王冠排出的水量更多，这说明王冠里掺入了别的金属，导致王冠所占的水体积更大。

掺了假的王冠和纯黄金的密度是不同的

由此，阿基米德不仅发现了浮力定律，而且还提出了密度的概念。密度是什么呢？简单来说，就是物体质量和体积的比值。换句话说，它是一个单位体积（立方米或立方厘米）内一个物体有多少“东西”的度量。密度可以理解为衡量物质挤在一起的紧密程度，计算公式为：

$$\rho = m / v$$

其中希腊字母 ρ 代表的就是密度，m 代表的是质量，v 则指的是体积。密度的单位一般是千克每立方米（kg/m^3），或是克每立方厘米（g/cm^3）

生活中常见物质的密度

你知道吗？不同的物质通常有不同的密度，并且，即使是同一种物质，在不同的温度或状态下（例如水和冰），密度也是不相同的。

例如：

水（4 摄氏度时）的密度约是 1000 千克每立方米；

冰的密度约是 900 千克每立方米；

酒精的密度约是 800 千克每立方米；

煤油的密度约是 800 千克每立方米；

水银的密度约是 13600 千克每立方米；

钢铁的密度约是 7900 千克每立方米；

铜的密度约是 8900 千克每立方米；

铝的密度约是 2700 千克每立方米。

如果我们把密度比水小（例如木头）和密度比水大的物体（例如铜）分别放入水中，你觉得会怎样？

小实验：水酒互换

在不需要任何外力的帮助下，红酒能和水进行位置互换，你相信吗？接下来让我们一起做个小实验吧。

扫码看实验

实验准备

水、红酒、盘子、卡片和两只红酒杯。

实验步骤

1 往一只红酒杯中倒满红酒放在盘子上。

2 往另一只红酒杯里倒满水。

用卡片盖住装水的酒杯口并压紧，然后倒扣在装满红酒的杯子上。

轻轻抽动卡片，静置，你发现了什么？

在实验中，我们可以看到：下面的红酒慢慢地跑到了上面的杯子里，而上面的水则跑到了下面的杯子里。这是由于红酒比水轻（红酒密度比水小），水会沉到红酒的下方。

你见过漂亮的鸡尾酒吗？鸡尾酒就是根据密度大小的不同，用不同种类的酒进行勾兑呈现出来的。密度小的酒在杯子上面，密度大的酒在杯子下面，由于不同的酒颜色不同，鸡尾酒表现出不同的颜色层，看起来十分漂亮。

有不同颜色层的鸡尾酒

05

第一个测量地球密度的人

不同的物质有不同的密度，那么，这里有一个有趣的问题，地球的密度是多少？我们是否需要计算地球的总质量和总体积呢？如果是那样的话，难度实在是太大了。当然，我们也不能把地球放进浴缸里。

地球如此巨大，如何测量它的密度呢?

英国著名科学家亨利·卡文迪许

但在历史上，的确有人在 19 世纪之前就测算出了地球的密度，他就是英国科学家亨利·卡文迪许（1731—1810）。

历史记载，亨利 · 卡文迪许是一位伟大的化学家和物理学家，他有强迫症，而且非常害羞，害羞到不敢和女人说话，甚至和女仆沟通都需要通过纸条。

卡文迪许出生于英国显赫的贵族家庭，18 岁进入了剑桥大学的圣彼得学院（也就是现在的彼得学院）学习，但没有毕业就离开了。他在伦敦有自己的实验室，

经常进行化学和物理等方面的科学实验。

卡文迪许平日沉默寡言，除了实验和科学研究以外，他唯一公开的社交活动就是参加皇家学会的会议，成员们在每周例会前一起吃饭。卡文迪许很少缺席这些会议，他深受学会成员的尊敬。

英国皇家学会是当时英国最高科学学术机构

1766 年，他发表了一篇化学论文，题目是《论人工空气》，也就是在实验中产生的气体。他得出金属溶解在酸中能产生“可燃空气”（氢气），碱溶解在酸中产生“固定空气”(二氧化碳)的结论。同时，他测量了它们在水中的溶解度和比重，并记录了它们的可燃性。卡文迪许因为这篇论文被授予英国皇家学会科普利奖章。

除了化学方面的成就，卡文迪许还因为测量了地球的平均密度而闻名。卡文迪许的这个实验是第一个在实验室中测量物体之间的引力，并精确得出地球密度的实验，历史上又被称为“扭秤实验”。

卡文迪许测量地球的密度是从求牛顿的万有引力定律中的常数 G 着手，再推算出地球密度。

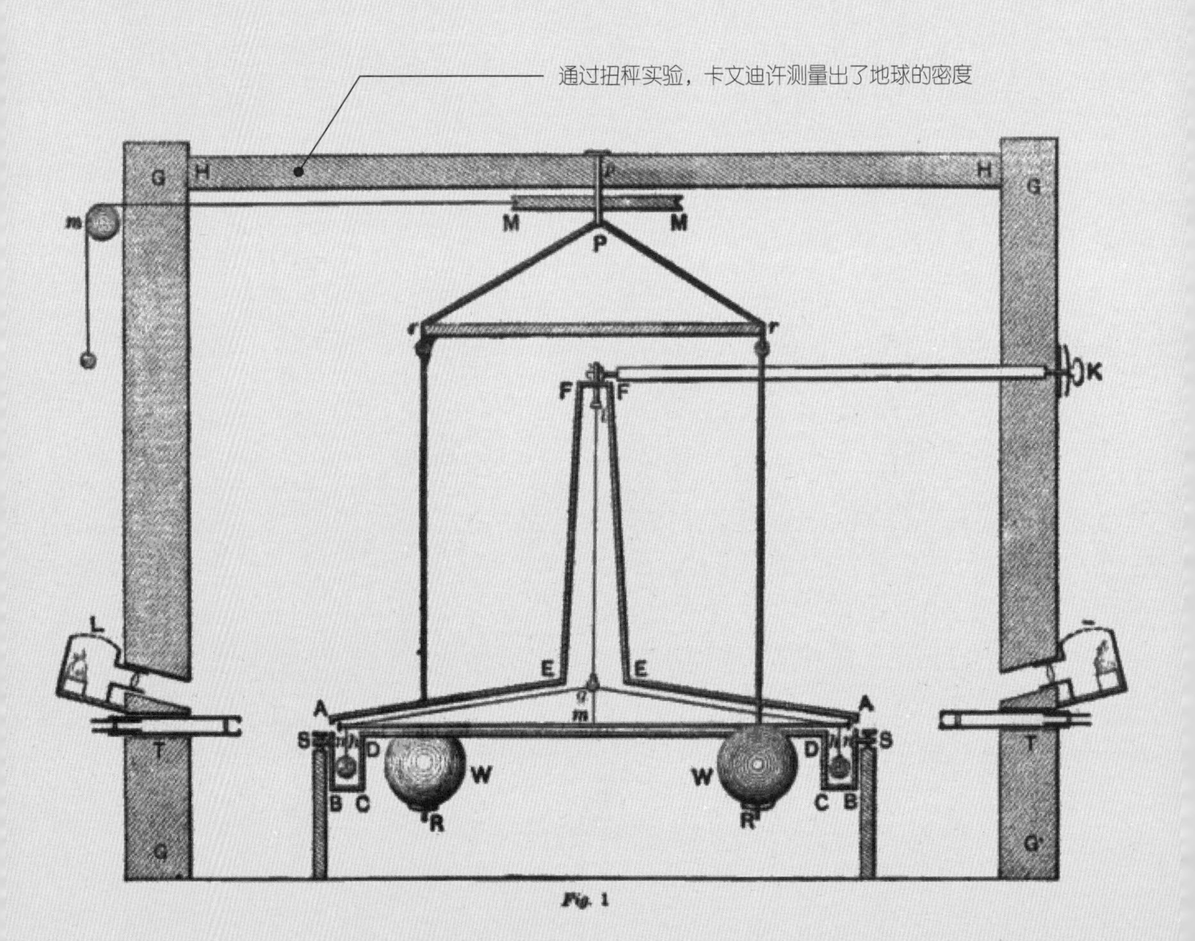

通过扭秤实验，卡文迪许测量出了地球的密度

实验用两个 158.8 千克重的大铅球接近两个 0.73 千克重的小铅球，根据悬挂小球的金属丝的扭转角度，测出这些球之间的相互引力。然后根据牛顿的万有引力定律，可求出万有引力常数 G。

根据卡文迪许的多次实验，测算出地球的平均密度约是水密度的 5.481 倍（在卡文迪许的时代水的密度被广泛用作密度测量的参照标准），并确定了万有引力常数 G 值为 $6.754 \times 10^{-11} \mathrm{N} \cdot \mathrm{m}^2/\mathrm{kg}^2$，这个值同现代值（$6.674 \times 10^{-11} \mathrm{N} \cdot \mathrm{m}^2/\mathrm{kg}^2$）相差无几。

因此，卡文迪许被誉为第一个测量地球密度的人。作为一名身世显赫的贵族后代，卡文迪许几乎把一生都奉献在科学和社会服务上，这一点的确令后人敬佩。

比热气球还早的孔明灯

回到这一节我们开头提到的问题——热气球是如何飞上天的，相信此时你已经有了一些想法。热气球诞生于 18 世纪，不过在热气球出现的很多年前，中国人就发明了孔明灯，也叫作“天灯”。

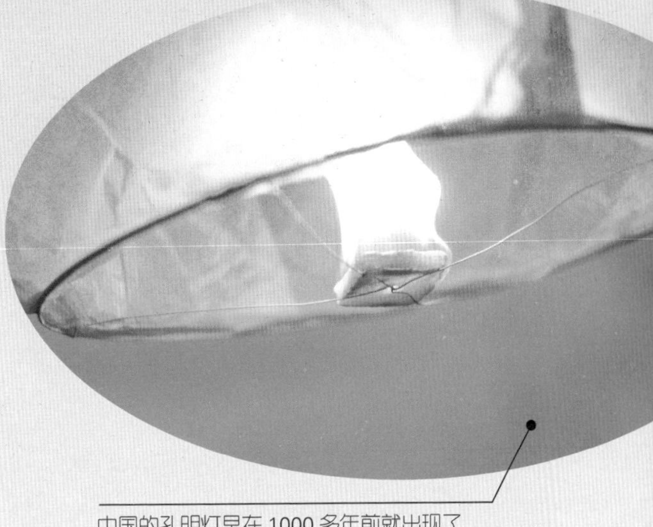

中国的孔明灯早在 1000 多年前就出现了

能飞的蛋壳

公元前 2 世纪时，中国西汉时期出版的《淮南万毕术》一书中，记载了这样一件趣事：拿一个鸡蛋，在上面开个小孔，去掉蛋清和蛋黄，然后点燃放入空蛋壳中的艾蒿或其他引火物，蛋壳就可以自行升空飞走。

孔明灯与我们现在看到的热气球大不相同，但原理是一样的。孔明灯是一种没有任何花纹图案，用薄纸做的能飞上天空的灯笼。

关于孔明灯的诞生有两种说法，其中一种是在中国五代时期，一位名叫莘七娘的妇女为了联络在外地打仗的丈夫，用竹篾扎成灯架，糊上纸后做成大灯，底盘上放有可燃烧的松脂，点燃松脂，灯就靠热空气飞上天空。因为灯笼的外形很像诸葛亮（诸葛亮字孔明）

传说“孔明灯”的名字来自三国时期的诸葛亮

戴的帽子，因此得名。

另一个说法是在三国时期，诸葛亮被司马懿围困在平阳，危难之时他急中生智，命人用白纸千张糊成无数个灯笼，点燃后升到空中，并让士兵在营内高喊：“诸葛先生坐着天灯突围啦！”司马懿信以为真，带兵朝着天灯飞走的方向追赶，诸葛亮因此得以脱险。所以日后世人管这种灯笼就叫作“孔明灯”。

无论是哪种说法，我们都可以看到，孔明灯的出现都比热气球要早上至少数百年。而孔明灯和热气球的原理基本相同，都和气体密度有着密不可分的关联。

人类第一次升起热气球

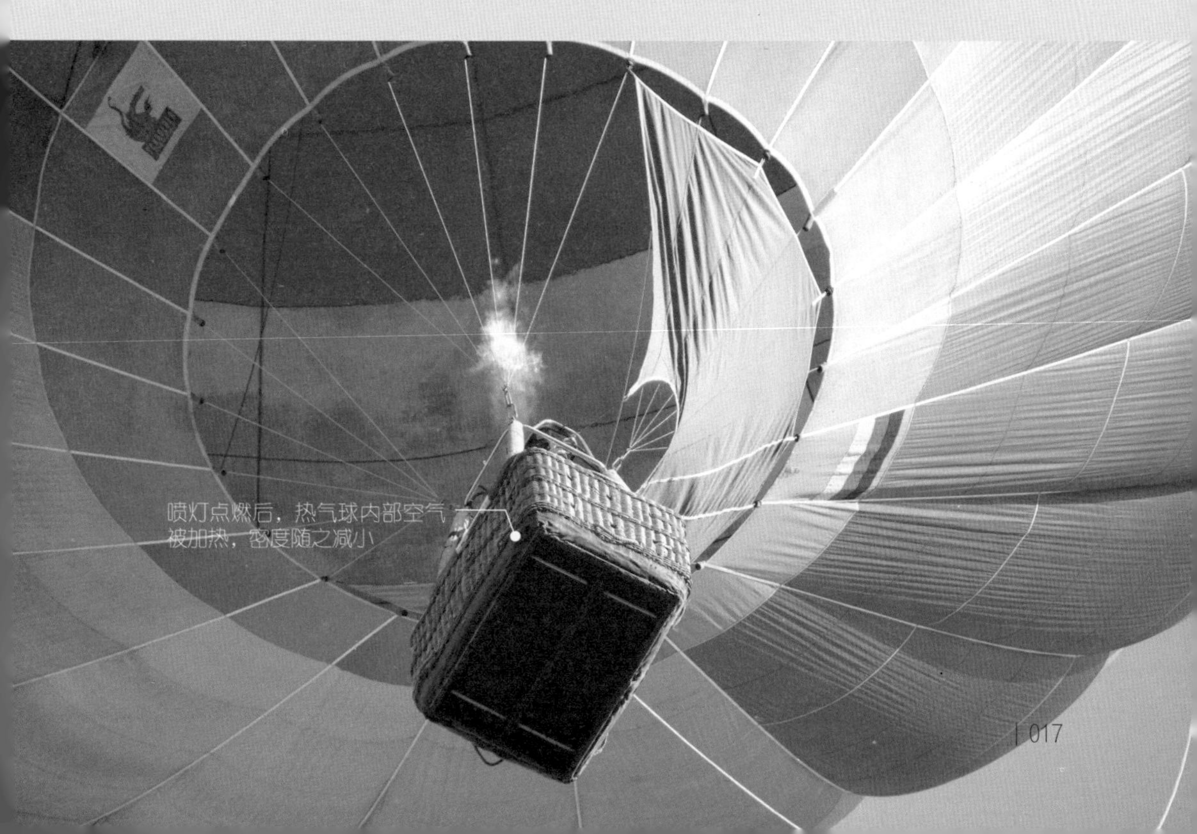

热气球的工作原理其实并不复杂，当气球底部的喷灯被点燃后，气球内的温度随之升高，这会导致气球内的空气密度减小。例如当温度达 100 摄氏度时，气球内的空气密度约为 0.95kg/ m^3，约是气球外空气的 76.9%。

由于热气球内外的密度有很大的差异，就会导致气球在空气浮力的作用下被“托起”，进而飞上天空。那么热气球是如何被发明的？

1783 年 9 月 19 日，法国蒙哥尔费兄弟升起了第一个热气球，当时的“乘客”是一只绵羊、一只鸭子和一只公鸡，热气球在空中停留了整整 8 分钟，然后又坠落到地面。

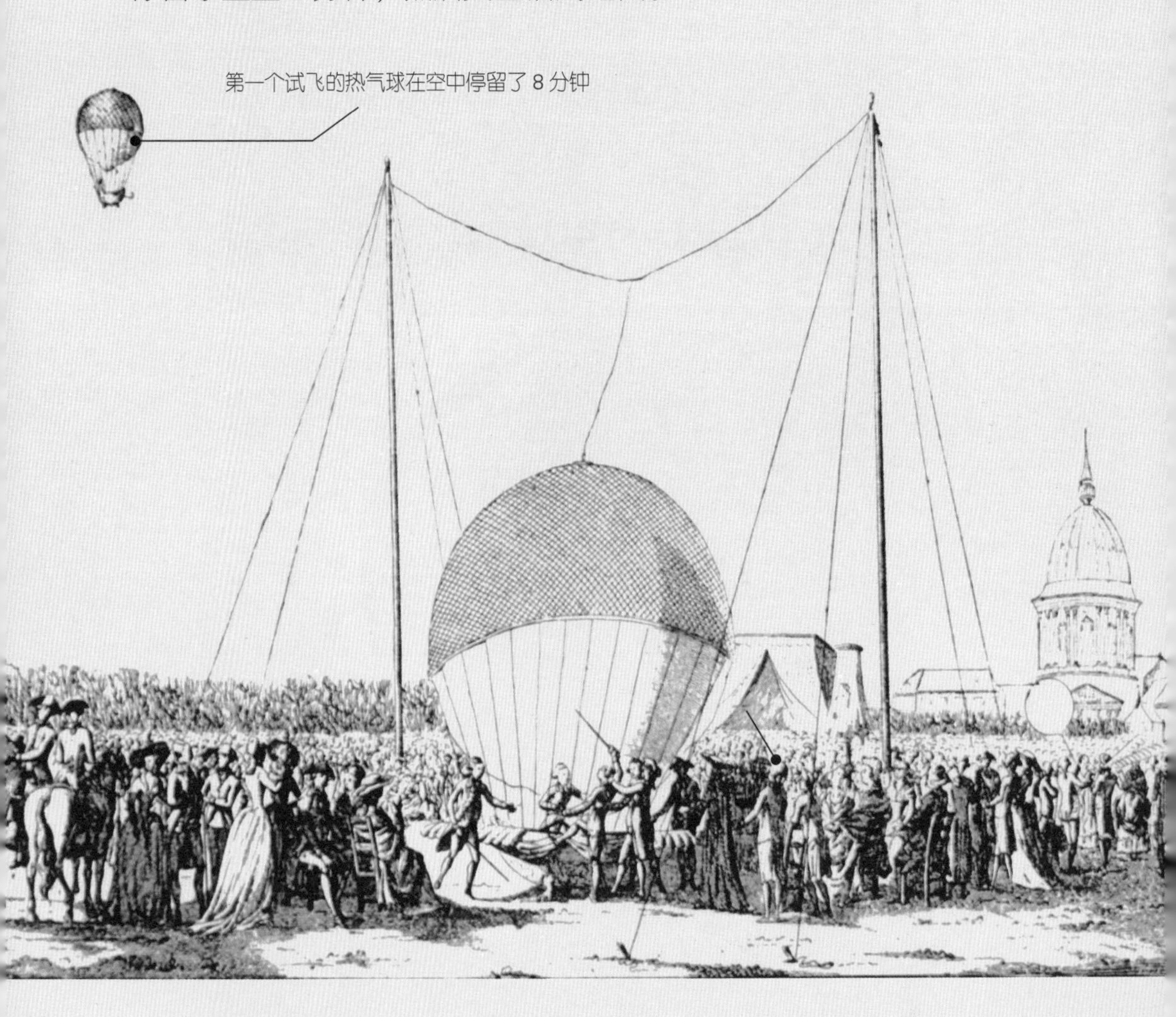

第一个试飞的热气球在空中停留了 8 分钟

两个月后的 11 月 21 日，蒙哥尔费兄弟又制造了第一个载人气球。气球从巴黎市中心升空，飞行了 25 分钟，这标志着载人热气球的诞生。

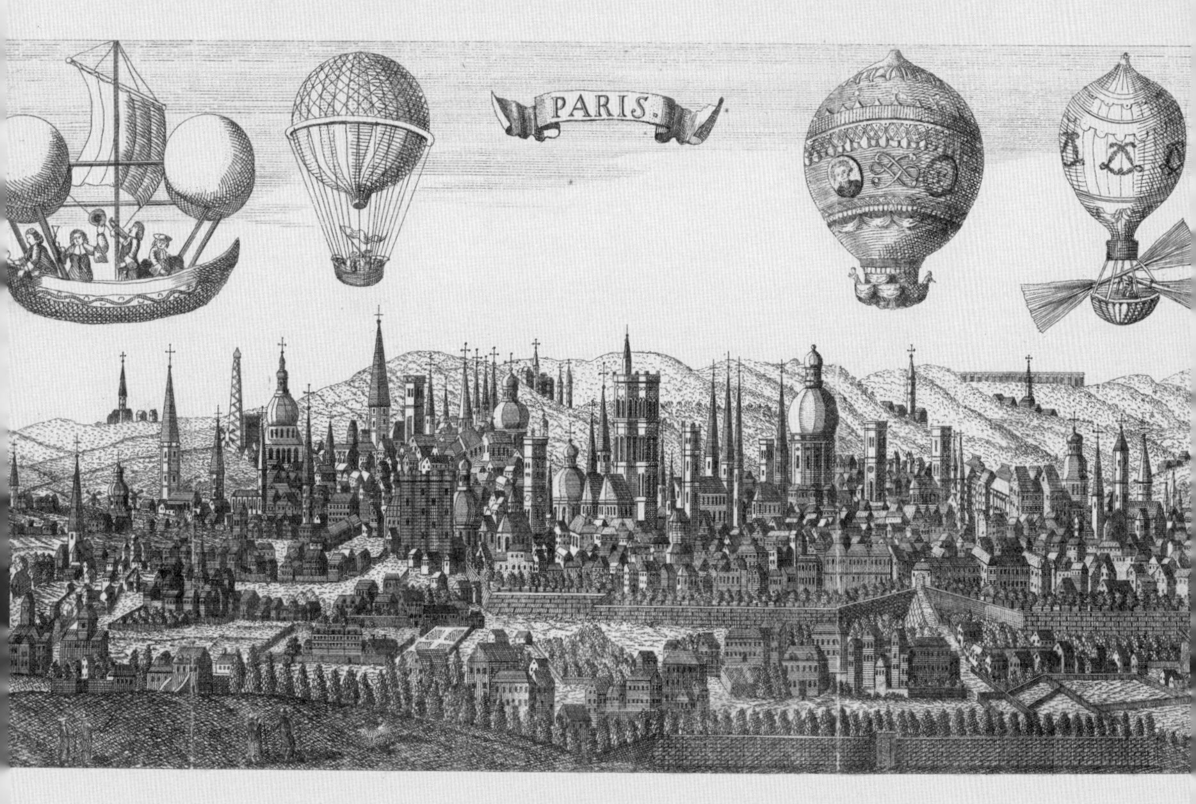

载人热气球起源于 18 世纪的法国

两年后的 1785 年，法国热气球驾驶员让·皮埃尔·布兰查德，和他的美国副驾驶员约翰·杰弗瑞斯成为飞越英吉利海峡的第一人。在早期的热气球飞行中，飞越英吉利海峡被认为是热气球长途飞行的标志，因此这是热气球飞行历史上的一个新的里程碑。

但不幸的是，就在这一年，法国化学家皮拉特尔·德·罗齐尔在试图穿越英吉利海峡时不幸身亡。他的气球在起飞半小时后爆炸，这是由于把氢气球和热气球绑在一起的实验设计造成的。

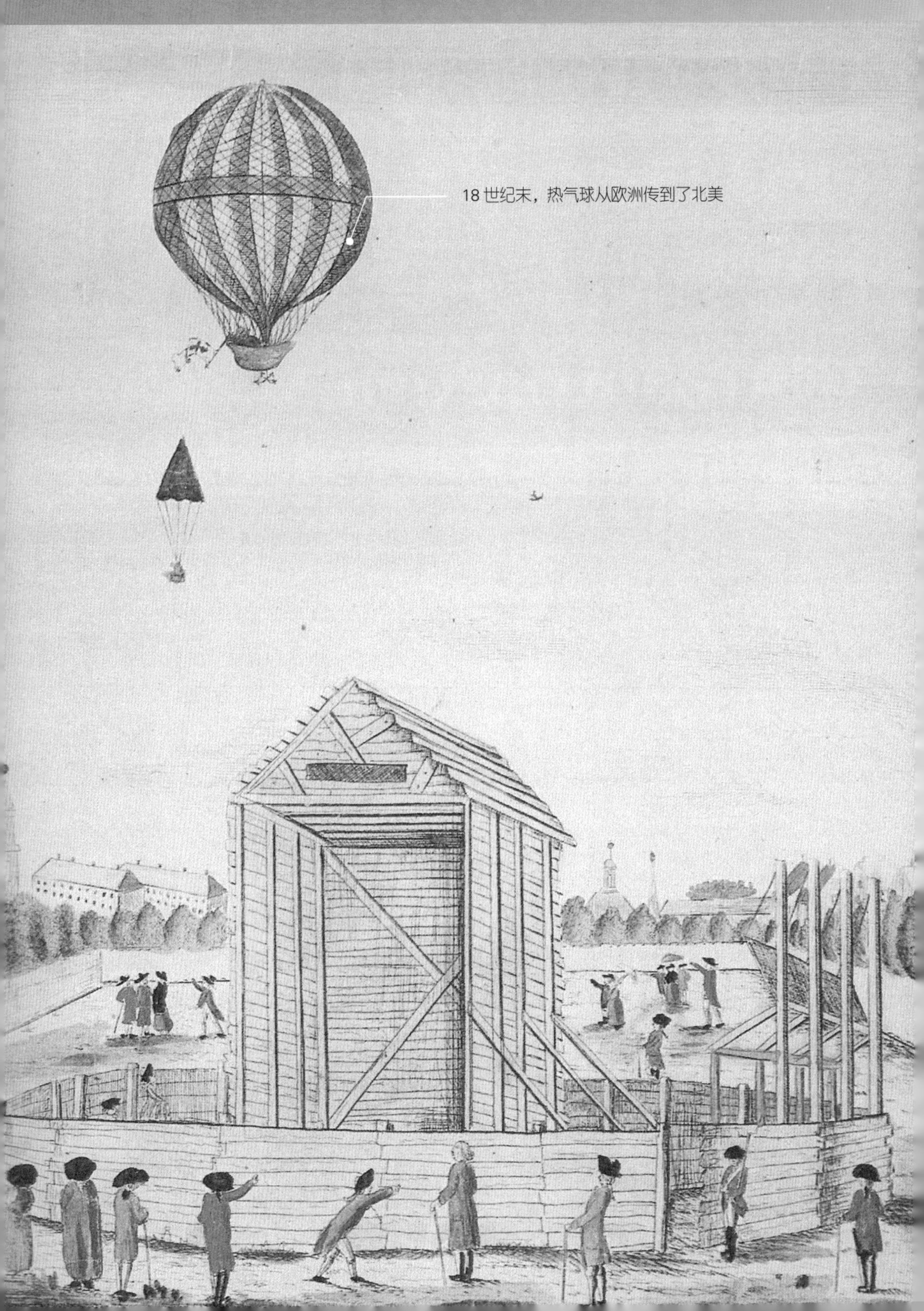

18 世纪末，热气球从欧洲传到了北美

1793 年 1 月 7 日，让 · 皮埃尔 · 布兰查德成为北美第一个驾驶热气球的人，乔治 · 华盛顿亲临气球的起飞现场观看。

但在随后的约 150 年时间里，随着科学转向其他领域研究，以及人们意识到通过燃烧提供热量使气球升空的危险性较大，热气球飞行不再受到欢迎。

不过，到了 20 世纪 50 年代末，一位名叫艾德 · 约斯特的美国发明家发起了复兴载人热气球的挑战。他发明了一种以瓶装丙烷为燃料的相对较轻的燃烧器，使气球驾驶者能够持续加热气球内的空气以进行更长的飞行。他的发明将现代热气球改进成了半机动飞行器。

1960 年 10 月 22 日，约斯特在内布拉斯加州的布鲁宁首次乘坐现代热气球飞行了 25 分钟。他也因此被称为“现代热气球之父”。

1987 年，理查德 · 布兰森和佩尔 · 林德斯特兰德乘坐热气球飞越了大西洋，他们飞行了 2900 英里（约 4667.1 千米），用时 33 小时。仅仅一年后，佩尔 · 林德斯特兰德又创造了另一项纪录，这次是在热气球中单人飞行的最高高度纪录——19812 米。

肥皂泡为何先升后落?

日常生活中，你一定玩过吹肥皂泡的游戏吧。当一簇簇轻盈的肥皂泡从吸管口冒出来，在阳光的照射下显现出美丽色彩的时候，你有没有观察过肥皂泡是如何在空中飘的呢?

肥皂泡在空中通常是先向上飘，然后再向下落。这是为什么呢?其实这里面包含着一些科学知识。我们吹出的气体温度是相对较高的。在开始的时候，肥皂泡里充满了热气体，肥皂泡将它与外面的空气隔离开来,肥皂泡里面气体的温度高于肥皂泡外面空气的温度。

温度高的气体密度比温度低的空气密度小，也就是说，肥皂泡里气体的密度小于外部空气的密度。此时肥皂泡受到的浮力大于它受到的重力，因此它会上升。

在肥皂泡不断上升的过程中，肥皂泡中的气体温度下降，又由于热胀冷缩的原因，肥皂泡体积会慢慢地变小，肥皂泡受到的外界空气的浮力也会慢慢地变小，而其受到的重力不变，这样，当重力大于浮力时， 肥皂泡就会下降。

明白这些原理以后，我们也就很容易理解为什么氢气球松手后会飞向天空。这是因为气球里充的是氢气，氢气的密度很小，要远小于空气的密度。因此当气球中充满氢气时，气球的浮力就变得很大，所受到的浮力要大于它的重力和空气的阻力，所以当我们放开手中的氢气球时，氢气球会飞向天空。

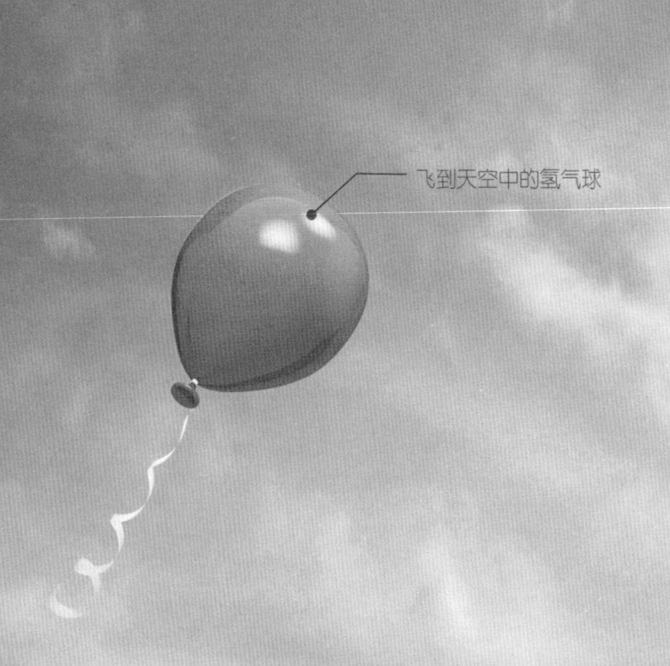

飞到天空中的氢气球

密度的生活应用

除了热气球以外，其实生活中有很多密度的应用，比如在农业上，可以用盐水漂浮法进行种子的筛选，也可以根据密度不同，用风力扬场对麦粒进行筛选、分拣。

在地质勘探领域，研究人员可以根据样品的密度，确定矿藏的种类和经济价值。在航天领域，航天器材会选用高强度、低密度的合金等复合材料。我们还可以根据已知物质的密度和质量，反过来推算它的体积。总之，密度在生活中的应用可以说是多种多样的。

蜃景和密度有什么关系？

从海面、沙漠上“拔地而起”的楼宇，沙漠里水草丰腴的湖泊，飘在天上的“空中花园”，它们虚无缥缈、变幻莫测，宛如人间仙境。这些景象看似不可能，可都确实出现过。只不过，它们不是真实的，是一种叫作“蜃景”的奇特景观。

蜃景是指景物反射的光线经过密度分布连续异常的多层大气时发生折射，在平静无风的海面、沙漠等地方出现的景物的幻象。那么，蜃景的出现，和我们讲的空气密度有什么关联呢？

事实上，空气并不是均匀的，有的地方密度大，有的地方密度小。一般情况下，空气的密度随高度增加而减小，当光线穿过不同高度的空气时，就会引起折射。这种现象在我们生活当中经常出现，有的因为变化细微，有的因为长时间生活在这种现象中，视觉适应了折射变化，所以并不觉得有什么异样。

然而，当空气密度在垂直或水平方向上出现了差异，就会出现特殊的折射，便产生蜃景的现象。根据空气密度变化规律的不同，蜃景出现的形态也不同，分为上现、下现和侧现蜃景。景物的幻象出现在天空中，好像从某一空气层反射而来的，就是上现蜃景。

这种情况通常出现在海上和北方有冰雪覆盖的地方，空气密度

沙漠中出现的蜃景

上小下大，光线向下折射，进入我们眼帘的景象就要高于地平面。下现蜃景是指与地面相接的幻景，这种情况通常出现在夏季的沙漠和冬季有暖流经过的海上，空气密度上大下小，光线向上折射，我们看到的景象就会低于或者平行于地面了。

当水平方向的空气密度差异很大，空气对光线的折射率在水平方向上就会发生很大变化，便可能出现侧向蜃景。

中国山东省的蓬莱市多次出现蜃景的奇观，亦梦亦幻、光怪陆离的景象让人看得如痴如醉，不枉蓬莱“人间仙境”的美誉。

留给你的思考题

1. 如果我们把冰块放到水里，冰块是会上浮还是下沉？为什么？动手试一试，看看你的回答是否正确。

2. 关于密度，你还能想到哪些生活中的应用呢？